THÉORIE ANALYTIQUE

DU

LOGARITHME NÉPÉRIEN

ET DE LA FONCTION EXPONENTIELLE.

17468 PARIS — IMPRIMERIE GAUTHIER-VILLARS ET FILS, QUAI DES GRANDS-AUGUSTINS, 55.

THÉORIE ANALYTIQUE

DU

LOGARITHME NÉPÉRIEN

ET DE LA FONCTION EXPONENTIELLE,

PAR

M. Ch. MÉRAY,

PROFESSEUR A LA FACULTÉ DES SCIENCES DE DIJON.

PARIS,

GAUTHIER-VILLARS ET FILS, IMPRIMEURS-LIBRAIRES

DU BUREAU DES LONGITUDES, DE L'ÉCOLE POLYTECHNIQUE,

Quai des Grands-Augustins, 55.

1891

THÉORIE ANALYTIQUE

DU

LOGARITHME NÉPÉRIEN

ET DE LA FONCTION EXPONENTIELLE,

PAR M. CH. MÉRAY,

Professeur à la Faculté des Sciences de Dijon.

Préliminaires.

1. Dans les Ouvrages classiques, les propriétés si utiles et si curieuses des fonctions exponentielles et logarithmiques se trouvent disséminées comme au hasard et démontrées par des moyens fort disparates *qui comprennent essentiellement des emprunts à la Géométrie du cercle*. Une pareille méthode manque évidemment d'unité et de netteté (de rigueur même en bien des points); de plus, elle a le défaut de dissimuler complètement la filiation naturelle de ces premières transcendantes, ainsi que leur ressemblance avec celles d'ordres plus élevés.

C'est pour éviter ces inconvénients, selon moi très graves dans une matière presque élémentaire, que, depuis bien longtemps, je me suis décidé, aussi bien dans mon Cours que dans mon *Nouveau précis d'Analyse infinitésimale* (1872), à rassembler les propriétés fondamentales de ces fonctions, celles aussi des fonctions circulaires qui leur touchent de si près, dans une étude monographique spéciale dégagée de toute considération géométrique. Aujourd'hui je reviens sur la même question, pour la séparer plus complètement de ce qui concerne les fonctions circulaires et la traiter à nouveau, toujours dans le même esprit, mais d'une manière plus simple et encore plus conforme aux procédés généraux d'investigation que, depuis Cauchy et Abel, on emploie avec tant de succès, dans la théorie des transcendantes à dérivées algébriques.

Les avantages sérieux que je trouve à cette méthode me l'ont fait adopter définitivement pour mon enseignement.

2. Je supposerai connus les principes essentiels de la théorie des fonctions tels que, depuis longtemps, dans l'Ouvrage cité, dans d'autres publications et dans mes Leçons, je les ai assis sur les propriétés générales des séries entières, dont, au surplus, ils ne diffèrent pas à mes yeux. J'en ai rappelé quelques-uns au commencement de mon récent Mémoire sur les radicaux (1), auquel j'aurai quelquefois ici à renvoyer le lecteur par des numéros précédés de la lettre R. Les plus importants des autres sont ceux dont je vais reproduire les énoncés.

I. *Quand* $f(x, y, \ldots)$, $f_1(x, y, \ldots)$, $f_2(x, y, \ldots)$ *sont localement olotropes* (R. **4**, IV), *les identités*

$$f(x, y, \ldots) = 0,$$
$$f_1(x, y, \ldots) = f_2(x, y, \ldots)$$

subsistent dans toute l'étendue des cheminements praticables, si elles ont lieu seulement pour les premiers développements de ces diverses fonctions.

II. *Toute détermination de l'intégrale indéfinie* $\int f(x)\,dx$ *est localement olotrope dans les mêmes limites et avec le même olomètre exactement que la fonction intégrée* $f(x)$.

III. *La fonction* $f[\mathrm{U}(x, y, \ldots), \mathrm{V}(x, y, \ldots), \ldots]$ *composée de la composante* $f(u, v, \ldots)$ *et des fonctions simples* $\mathrm{U}(x, y, \ldots)$, $\mathrm{V}(x, y, \ldots), \ldots$ *est localement olotrope aussi longtemps que toutes les fonctions données le sont elles-mêmes.*

IV. *Si* $f(x, u)$ *est olotrope en* $x = x_0$, $u = u_0$, *l'équation différentielle*

$$\frac{du}{dx} = f(x, u)$$

admet une intégrale unique $\upsilon(x)$ *olotrope en* x_0 *et s'y réduisant à* u_0. *Cette intégrale reste localement olotrope, tant que la valeur de* x, *et aussi la*

(1) *Théorie des radicaux fondée exclusivement sur les propriétés générales des séries entières* (*Revue bourguignonne de l'Enseignement supérieur*, t. I, 1891).

sienne propre correspondante $u = \upsilon(x)$, *restent renfermées dans les limites où la fonction de deux variables* $f(x, u)$ *est elle-même olotrope.*

V. *Si* $\mathrm{F}(x, u)$ *est olotrope en* x_0, u_0 *et si l'on a numériquement*

$$\mathrm{F}(x_0, u_0) = 0, \quad \text{avec} \quad \mathrm{F}^{(0,1)}(x_0, u_0) \text{ non} = 0,$$

l'équation finie

$$\mathrm{F}(x, u) = 0$$

admet pour seule racine tendant vers u_0, *en même temps que* x *vers* x_0, *l'intégrale* $\Upsilon(x)$ *de l'équation différentielle*

$$\frac{du}{dx} = -\frac{\mathrm{F}^{(1,0)}(x, u)}{\mathrm{F}^{(0,1)}(x, u)},$$

complétée par la condition initiale

$$u = u_0 \quad \text{pour} \quad x = x_0 \quad \text{(IV)}.$$

La fonction implicite ainsi définie est localement olotrope aussi longtemps que la valeur de x *et la sienne propre correspondante* $u = \Upsilon(x)$ *demeurent renfermées dans les limites où la fonction de deux variables* $\mathrm{F}(x, u)$ *est elle-même olotrope et où l'on n'a jamais* $\mathrm{F}^{(0,1)}(x, u) = 0$.

VI. *En appelant* $f(u)$ *une fonction d'une seule variable, olotrope dans toute l'étendue du plan où* u *se note graphiquement, puis*

$$(1) \qquad \mathfrak{b}', \mathfrak{b}'', \ldots$$

les zéros que $f'(x)$ *peut posséder, puis*

$$\mathfrak{a}' = f(\mathfrak{b}'), \quad \mathfrak{a}'' = f(\mathfrak{b}''), \quad \ldots$$

les valeurs correspondantes de $f(u)$, *puis* u_0 *et*

$$(2) \qquad x_0 = f(u_0)$$

une valeur quelconque de u *n'appartenant pas à la suite* (1) *et la valeur correspondante de* $f(u)$, *puis enfin* X *une constante quelconque, l'équation numérique*

$$f(u) = \mathrm{X}$$

n'a pas d'autres racines que les termes de la suite (1) *satisfaisant par hasard à cette équation, et les valeurs acquises au bout de tous les chemins tracés de* x_0 *à* X, *sans contenir aucun des points* (1), *par la fonction implicite* $u = \psi(x)$ *que définit l'équation*

$$f(u) = x,$$

accompagnée de la condition initiale

$$u = u_0 \quad \text{pour} \quad x = x_0,$$

dont l'égalité (2) *autorise l'adoption* (V).

Nous pouvons maintenant entrer en matière.

Origine et propriétés fondamentales du logarithme népérien.

3. Au point de vue purement analytique, le seul auquel on puisse se placer quand on tient à concevoir les choses dans un enchaînement clair et naturel, et en laissant de côté certaines fonctions dont les phénomènes de la nature ne nous offrent point d'exemple, qui, même dans les spéculations abstraites, ne jouent aucun rôle sérieux, *toutes les transcendantes peuvent être considérées comme résultats d'intégrations exécutées sur des expressions de nature antérieurement connue.* Cette conception, qui en fournit la classification la plus nette, place au premier rang *celles dépendant d'équations différentielles exclusivement algébriques par rapport aux variables indépendantes, aux fonctions inconnues et à leurs dérivées.*

Les *intégrales abéliennes* sont les transcendantes les plus remarquables de cette espèce ; on a donné ce nom à toute intégrale indéfinie, à une seule variable principale x, de la forme

$$\int F(x, y)\, dx, \tag{3}$$

où y désigne une fonction implicite de x, racine d'une équation entière donnée,

$$f(x, y) = 0, \tag{4}$$

qu'on peut supposer *irréductible*, c'est-à-dire à premier membre indécomposable en facteurs entiers de degrés moindres, où F est une composante rationnelle à deux variables, donnée aussi.

4. Quand l'équation caractéristique (4) est du premier degré seulement par rapport à y, cette fonction implicite se réduit à quelque fonction rationnelle de x, la fonction composée $F(x, y)$ également et l'intégrale (3) à

$$\int F(x)\,dx, \tag{5}$$

où $F(x)$ n'est plus qu'une fraction rationnelle.

Une décomposition convenable de $F(x)$ fournit, comme on le sait, des monômes entiers de la forme

$$ax^m,$$

et des fractions simples de la forme

$$A(x-\alpha)^{-\mu}.$$

A tous les premiers, correspondent dans l'intégrale (5) calculée par décomposition les termes similaires

$$\frac{a}{m+1}x^{m+1};$$

à celles des dernières où μ non $= 1$, correspondront encore les fractions simples

$$\frac{A}{-\mu+1}(x-\alpha)^{-\mu+1}.$$

Mais, si la décomposition de $F(x)$ a donné des termes effectifs en

$$(x-\alpha)^{-1},$$

ils introduiront dans l'intégrale (5) une partie linéaire et homogène par rapport à des intégrales indéfinies telles que

$$\int \frac{dx}{x-\alpha}, \tag{6}$$

dont jusqu'ici *la nature propre est pour nous entièrement inconnue*.

En posant

$$\Psi(x) = \int \frac{dx}{x}, \tag{7}$$

l'intégrale (6) est $\Psi(x-\alpha)$, quelle que soit la constante α.

C'est donc en définitive à cette dernière fonction, la plus simple évidemment de toutes les intégrales abéliennes, que se ramènent ainsi tous les éléments encore inconnus de l'expression (5), *intégrale indéfinie d'une différentielle rationnelle quelconque.*

Telle est la principale cause de l'importance des diverses questions qui se rattachent à l'intégrale (7) et dont nous allons maintenant faire une étude minutieuse.

5. Toutes les déterminations de l'intégrale indéfinie (7) ne différant les unes des autres que par des quantités constantes, on peut se borner à la considération d'une seule d'entre elles; il y a commodité et intérêt *à choisir celle qui se réduit à* o *pour* $x = 1$, c'est-à-dire la fonction (plus exactement pseudo-fonction (R. **4**, I), définie par la formule

$$u = \int_1^x \frac{dx}{x},$$

où l'intégrale doit être prise sur tous les chemins partant de $x = 1$, ou, ce qui revient au même, par l'équation différentielle et la condition initiale

$$\frac{du}{dx} = \frac{1}{x}, \quad u = 0 \quad \text{pour} \quad x = 1. \tag{8}$$

On la nomme le *logarithme népérien* de x et on la représente par le signe $l(x)$.

Voici les premières conséquences de cette définition.

I. *Le logarithme est localement olotrope pour toute valeur de x non nulle, mais non olotrope en $x = 0$.* Car la fonction fractionnaire simple $\frac{1}{x}$ qui est placée sous le signe d'intégration jouit précisément de ces mêmes propriétés (**2**, II).

La formule de Taylor est donc applicable au développement de $l(x)$ à partir de x_i, valeur initiale quelconque de x non $= 0$, en une série entière par rapport à $(x - x_i)$, et le rayon de convergence maximum de cette série est égal à sa valeur pour le développement semblable de $\frac{1}{x}$, c'est-à-dire à mod x_i.

II. Comme la différentiation indéfinie de l'équation (8) donne immédiatement

$$\frac{d^m u}{dx^m} = (-1)^{m-1} \frac{1.2\ldots(m-1)}{x^m},$$

le développement dont il s'agit est

$$(9) \quad u = u_i + \frac{1}{1}\frac{x-x_i}{x_i} - \frac{1}{2}\left(\frac{x-x_i}{x_i}\right)^2 + \ldots + \frac{(-1)^{m-1}}{m}\left(\frac{x-x_i}{x_i}\right)^m + \ldots.$$

Nous l'écrirons quelquefois

$$(10) \quad u = u_i + \lambda\left(1 + \frac{x-x_i}{x_i}\right),$$

en posant pour abréger

$$(11) \quad \lambda(1+t) = \frac{t}{1} - \frac{t^2}{2} + \frac{t^3}{3} - \ldots,$$

série entière en t dont le rayon de convergence maximum est 1 et dont l'étude directe ramènerait par une autre voie (R. **8**, III) aux conclusions ci-dessus (I).

III. De ce que les quantités positives $\frac{1}{1}, \frac{1}{2}, \frac{1}{3}, \ldots, \frac{1}{m}, \ldots$ décroissent sans cesse et infiniment, on conclut (R. **5**, I) que *la série* (11), *de rayon de convergence maximum* $= 1$, *est encore convergente pour toute valeur de* t *qui a* 1 *pour module, sans être* $= -1$.

Il en résulte que *la formule* (9) *est encore valable pour toutes les valeurs de* x *situées sur la circonférence de centre* x_i *et de rayon* $= \text{mod}\, x_i$, *à l'exception de la valeur* $x = 0$. Car la série est convergente comme on vient de le voir, partant continue, en vertu d'un théorème spécial d'Abel, et le logarithme aussi, puisqu'il est olotrope.

Les séries (11) (9) sont divergentes, la première pour $t = -1$, la seconde par suite pour $x = 0$. *Cette valeur de* x *n'est donc jamais accessible au cheminement et nous l'excluons absolument de nos calculs, comme aussi tout développement fait autrement que sous la condition de rigueur*

$$\text{mod}\,(x - x_i) < \text{mod}\, x_i.$$

Pour le tracé des chemins praticables au cheminement, nous retombons donc exactement sur les règles concernant la fonction $\psi(\mathfrak{m}, x)$ (R. **17**).

IV. Comme en $x_0 = 1$ on prend $u_0 = 0$, l'emploi répété de la formule (10) donne, au bout d'un chemin quelconque,

$$(12)\qquad u_i = \lambda\left(1 + \frac{x_1 - x_0}{x_0}\right) + \lambda\left(1 + \frac{x_2 - x_1}{x_1}\right) + \ldots + \lambda\left(1 + \frac{x_i - x_{i-1}}{x_{i-1}}\right).$$

V. *Si les quantités*

$$\ldots, x_{i-1}, \quad x_i, \quad x_{i+1}, \ldots$$

forment une progression géométrique de raison q, les valeurs correspondantes de $l(x)$ sont les termes d'une progression arithmétique de raison $\lambda(1 + \overline{q - 1})$.

Car les égalités supposées

$$\ldots = \frac{x_i}{x_{i-1}} = \frac{x_{i+1}}{x_i} = \ldots = q$$

donnent

$$\ldots = \frac{x_i - x_{i-1}}{x_{i-1}} = \frac{x_{i+1} - x_i}{x_i} = \ldots = q - 1,$$

d'où (II)

$$\ldots = u_i - u_{i-1} = u_{i+1} - u_i = \ldots = \lambda(1 + \overline{q - 1}).$$

VI. Nous noterons enfin une relation très intéressante entre le logarithme et la fonction $\psi(\mathfrak{m}, x)$ étudiée dans mon Mémoire sur les radicaux. L'expression de cette dernière (R. **17**),

$$(13)\ \psi(\mathfrak{m}, x) = \varphi\left(\mathfrak{m},\ 1 + \frac{x_1 - x_0}{x_0}\right) \ldots \varphi\left(\mathfrak{m},\ 1 + \frac{x_i - x_{i-1}}{x_{i-1}}\right) \varphi\left(\mathfrak{m},\ 1 + \frac{x - x_i}{x_i}\right),$$

combinée avec les propriétés spéciales de la série $\varphi(\mathfrak{m}, 1 + t)$ (R. **11**), montre immédiatement qu'elle est localement olotrope pour toute combinaison de valeurs des variables $\mathfrak{m}$, x où la seconde n'est pas nulle.

On a de plus (R. **14**)

$$\varphi^{(1,0)}_{\mathfrak{m},t}(0, 1 + t) = \frac{t}{1} - \frac{t^2}{2} + \ldots = \lambda(1 + t).$$

Si donc on fait $\mathfrak{m} = 0$ dans la formule (13) différentiée une fois par rapport à $\mathfrak{m}$, et si l'on a égard à la formule (12) construite pour le même chemin, il vient *toujours au bout du même chemin*

$$l(x) = \psi^{(1,0)}_{\mathfrak{m},x}(0, x).$$

C'est la relation dont il s'agit; elle permettrait de déduire facilement, des propriétés fondamentales de la fonction $\psi(\mathfrak{m}, x)$, celles du logarithme qui précèdent et beaucoup de celles qui vont suivre. Mais la méthode directe est évidemment préférable, bien qu'elle soit un peu moins expéditive.

6. *Si les variables*

$$x', \quad x'', \quad \ldots, \quad x^{(g)}$$

cheminent arbitrairement (à partir de $x' = x'' = \ldots = x^{(g)} = 1$) et si

$$K', \quad K'', \quad \ldots, \quad K^{(g)}$$

sont des exposants réels commensurables quelconques, on a toujours identiquement

$$l(x'^{K'} x''^{K''} \ldots x^{(g)K^{(g)}}) = K' l(x') + K'' l(x'') + \ldots + K^{(g)} l(x^{g}), \tag{14}$$

pourvu, bien entendu, que l'on ait pris 1 *pour valeur initiale commune de tous ceux des monômes $x'^{K'}$, $x''^{K''}$, … dont les exposants sont fractionnaires* (R. **60**).

Pour établir cette identité dans toute sa généralité, il suffit d'en vérifier l'exactitude sur les premiers développements des deux membres seulement (**2**, I), c'est-à-dire *pour toutes les valeurs de x', x'', … rendant inférieurs à* 1 *les modules des excès sur* 1, *tant de ces valeurs elles-mêmes que de la quantité $x'^{K'} x''^{K''} \ldots$* (**5**, I). Or c'est ce qui a lieu :

I. *Quand g se réduit* à 1, car alors les dérivées par rapport à x' des deux membres de la relation (14), savoir

$$l(x'^{K'}) = K' l(x')$$

se réduisent respectivement à

$$\frac{K' x'^{K'-1}}{x'^{K'}} = \frac{K'}{x'};$$

de plus et, par hypothèse, ces deux membres s'annulent simultanément pour $x' = 1$;

II. *Quand g a une valeur quelconque, si l'on suppose l'identité démontrée pour $g - 1$ variables*, car alors les mêmes dérivées prennent encore les valeurs identiquement égales

$$\frac{K' x'^{K'-1} x''^{K''} \ldots x^{(g)K^{(g)}}}{x'^{K'} x''^{K''} \ldots x^{(g)K^{(g)}}}, \quad \frac{K'}{x'},$$

et, pour $x'=1$, l'identité se réduit à

$$l(x''^{K''}\dots x^{(g)K^{(g)}})=K''l(x'')+\dots+K^{(g)}l(x^{(g)}),$$

qui est supposée exacte;

III. *Quand g a une valeur quelconque et sans condition,* car notre identité ayant été établie pour une variable (I) est vraie pour deux, puis pour trois, et ainsi de suite (II).

7. Comme la distribution des valeurs ordinaires et singulière de x observée pour la fonction $\psi(m, x)$ (R. **17**, **42**) se reproduit exactement pour celle que nous étudions en ce moment, les mêmes particularités se représenteront aussi dans le calcul de cette dernière par cheminement, excepté, bien entendu, celles tenant à la nature propre du développement élémentaire (9) qui est ici entièrement différente. En particulier, les mêmes tracés de chemins sont praticables ou non et tout chemin conduisant de x_0 à X équivaut, pour le calcul de la valeur finale de $l(x)$ en X, au chemin simple $[x_0, x_{(1)}, X]$ compliqué par quelque parcours de l'anneau $[O_x]$ ceignant l'origine O_x (R. **25**):

La comparaison des valeurs finales de $u=l(x)$ au bout des divers chemins qui mènent de x_0 à X conduit à ce théorème :

En appelant U *celle qui correspond au chemin simple et* $U^{(k)}$ *celle résultant de l'insertion entre ses deux tronçons* $[x_0, x_{(1)}]$ *et* $[x_{(1)}, X]$ *de l'anneau* $[O_x]$ *parcouru k fois dans le sens direct* (R. **27**), *on a*

$$U^{(k)}=U+k\varpi, \tag{15}$$

où ϖ *est une constante spéciale dont la valeur est indépendante de la forme de l'anneau.*

I. Conservant les notations du Mémoire cité (R. **26**), nous appellerons $u_{(1)}$ la valeur acquise par $l(x)$ en $x_{(1)}$, extrémité du premier tronçon du chemin simple, puis

$$x_{(1)},\quad x_{(2)},\quad \dots,\quad x_{(s)},\quad x_{(1)}$$

les sommets de la ligne brisée formant l'anneau, écrits dans l'ordre où on les rencontre en y faisant une révolution directe, et

$$u_{(1)},\quad u_{(2)},\quad \dots,\quad u_{(s)},\quad u_{(1)}^{(1)}$$

les valeurs correspondantes de $l(x)$.

La formule générale (10) donnera

$$u_{(i+1)} = u_{(i)} + \varpi_{(i)},$$

en posant, pour abréger,

$$\varpi_{(i)} = \lambda\left(1 + \frac{x_{(i+1)} - x_{(i)}}{x_{(i)}}\right),$$

d'où successivement

$$u_{(2)} = u_{(1)} + \varpi_{(1)}, \quad u_{(3)} = u_{(2)} + \varpi_{(2)}, \quad \ldots, \quad u_{(s)} = u_{(s-1)} + \varpi_{(s-1)}, \quad u_{(1)}^{(1)} = u_{(s)} + \varpi_{(s)},$$

puis

(16) $$u_{(1)}^{(1)} = u_{(1)} + \varpi,$$

où l'on a posé

(16 *bis*) $$\varpi = \varpi_{(1)} + \varpi_{(2)} + \ldots + \varpi_{(s)}.$$

De la formule (16), on passe immédiatement, comme dans le Mémoire cité, à

$$U^{(+1)} = U + \varpi,$$

puis à la relation générale (15).

II. Avec deux anneaux directs quelconques $'[O_x]$, $''[O_x]$ et deux chemins non séparés par l'origine, que nous tracerons de x_0 à X, nous formerons deux chemins composés équivalents (R. **26**, IV). On en conclut

$$U + {}'\varpi = U + {}''\varpi,$$

où $'\varpi$, $''\varpi$ représentent les valeurs de la constante ϖ qui correspondent à ces deux anneaux, puis

$$'\varpi = {}''\varpi$$

ce qui nous restait à démontrer.

Nous reviendrons plus loin (**14** *inf.*) sur le calcul de l'*augment* ϖ.

8. D'après cela, les valeurs finales de $l(x)$ au bout du chemin simple compliqué d'anneaux directs en nombres

$$\ldots, \quad -2, \quad -1, \quad 0, \quad 1, \quad 2, \quad \ldots$$

sont respectivement les termes de la progression arithmétique de raison ϖ, indéfinie dans les deux sens

$$\ldots,\quad U - 2\varpi,\quad U - \varpi,\quad U + 0.\varpi = U,\quad U + \varpi,\quad U + 2\varpi,\quad \ldots.$$

9. Nous passons aux résultats essentiels de la discussion numérique du logarithme.

En appelant ε *une quantité réelle* < 1 *en valeur absolue et* $l(x + \varepsilon x)$ *la valeur que prend le logarithme quand on passe directement de* x *à* $x + \varepsilon x$ *en partant du premier de ces points avec la valeur* $l(x)$, *on a*

$$l(x + \varepsilon x) = l(x) + h, \tag{17}$$

où h *est une quantité réelle* $\lesseqgtr 0$ *en même temps que* ε.

La formule générale (10) donne immédiatement

$$h = \lambda(1 + \varepsilon) = \frac{\varepsilon}{1} - \frac{\varepsilon^2}{2} + \frac{\varepsilon^3}{3} - \ldots,$$

série dont la somme est nulle si $\varepsilon = 0$, négative si $\varepsilon > 0$, car alors tous ses termes sont négatifs, positive enfin si $\varepsilon > 0$. Effectivement et à cause de $\varepsilon < 1$, ses termes sont alternativement positifs et négatifs avec des valeurs absolues qui décroissent sans cesse et indéfiniment.

10. Au point de vue graphique, on en conclut ce qui suit :

Quand x *se meut sur une demi-droite fixe issue de l'origine* O_x, *le point* $u = l(x)$ *se meut dans le plan des axes* $O_u U'$, $O_u U''$ *sur une parallèle au premier de ces axes, et cela dans sa direction positive ou négative, selon que, dans son mouvement, le point* x *s'éloigne ou se rapproche de l'origine* O_x. Effectivement le premier élément seul de $l(x)$ varie en croissant dans le premier cas, en décroissant dans le second.

Nous verrons tout à l'heure (**12** *inf.*) que u traverse l'axe $O_u U''$ quand x traverse la circonférence de rayon 1, décrite de l'origine O_x comme centre.

11. Le point $x_0 = 1$ se trouvant sur la partie positive de l'axe des quantités réelles ainsi que toute valeur positive de x, on peut atteindre cette dernière par un cheminement exécuté exclusivement sur cette partie, et chaque accroissement attribué à x sera de la forme ci-dessus εx. Comme on part de $x = x_0 = 1$ avec la valeur initiale réelle $l(1) = 0$, l'application répétée de la formule (17) montre que *la valeur atteinte par* $l(x)$ *sera* *toujours réelle* et de plus *unique*, parce que tous les chemins de mêmes extrémités dont les sommets appartiennent à la partie positive de l'axe des quantités réelles s'équivalent évidemment.

Cette valeur réelle de $l(x)$ est $\gtreqless 0$ selon que la valeur positive de x à laquelle elle correspond est $\gtreqless 1$. Car, en partant de 1 et marchant sur l'axe O_xX', d'abord dans sa direction positive, ensuite dans sa direction négative, $l(x)$ part de 0 en n'éprouvant jamais que des accroissements positifs dans le premier cas, négatifs dans le second.

12. *Quels que soient la valeur de x, de module ξ, et le chemin suivi pour y arriver, et si l'on représente par $'l(x)$ le premier élément de $l(x)$, on a*

$$'l(x) = l(\xi),$$

valeur réelle atteinte par $l(x)$ partant de $l(1) = 0$, quand on chemine de 1 à ξ sur la partie positive de l'axe des quantités réelles (**11**).

D'où, en particulier, pour $\operatorname{mod} x = 1$,

$$'l(x) = 0.$$

Si x désigne la quantité conjuguée à x, on a constamment

$$\xi^2 = x\mathrm{x} = \xi.$$

et, par suite (**6**),

$$l(\xi^2) = l(x) + l(\mathrm{x}) = 2l(\xi).$$

Mais les termes du membre médian sont des quantités conjuguées parce que x, x le sont sans cesse et que les coefficients de la série (11) sont tous réels. Ce membre se réduit donc à $2'l(x)$, d'où

$$2'l(x) = 2l(\xi),$$

ce qu'il fallait prouver.

13. Ainsi donc, au point de vue graphique, *quand le point x se meut sur une circonférence $[O_x, \xi]$ ayant l'origine O_x pour centre et ξ pour rayon, le second élément de $l(x)$ seul varie et le point $u = l(x)$ se meut ainsi sur quelque parallèle à l'axe O_uU''.*

Quand la rotation de x est directe, la translation de u a la direction de la partie positive de l'axe dont il s'agit, et inversement.

Si le passage de x_i à x_{i+1} s'effectue dans le sens direct, le second élément du rapport $\frac{x_{i+1}}{x_i}$ est nécessairement positif (R. **36**, I), celui de

$$\frac{x_{i+1}-x_i}{x_i}=\frac{x_{i+1}}{x_i}-1$$

également, et, par suite, évidemment aussi celui du second membre de la formule

$$u_{i+1}-u_i=\frac{1}{1}\,\frac{x_{i+1}-x_i}{x_i}-\frac{1}{2}\left(\frac{x_{i+1}-x_i}{x_i}\right)^2+\ldots \quad (\mathbf{5},\ \text{II}).$$

Le second élément de $u_{i+1}-u_i$, accroissement de $l(x)$, est donc positif, ce qu'il fallait constater.

En appelant V_x, V_u *les vitesses simultanées de ces deux points, on a*

$$(17\ bis)\qquad \frac{V_u}{V_x}=\frac{1}{\xi}.$$

Si l'on fait tendre x_{i+1} vers x_i la formule précédente donne effectivement

$$\lim\frac{\operatorname{mod}(u_{i+1}-u_i)}{\operatorname{mod}(x_{i+1}-x_i)}=\frac{1}{\xi}.$$

14. *L'augment* ϖ (**7**) *est une quantité imaginaire dont les éléments sont le premier nul, le second positif.*

Nous calculerons plus commodément cette constante ϖ en donnant à l'anneau la forme utilisée au n° **38** de mon Mémoire sur les radicaux dans la théorie de la fonction $\psi(\mu, x)$. Il vient ainsi, d'après la formule (16 *bis*),

$$(18)\qquad \varpi=4\left[\lambda(1+\overline{q_1-1})+\lambda(1+\overline{q_2-1})+\ldots+\lambda(1+\overline{q_\sigma-1})\right],$$

les lettres $q_1, q_2, \ldots, q_\sigma$ conservant, bien entendu, leur sens au lieu cité.

Pour calculer généralement $\lambda(1+\overline{q-1})$, nous observerons que cette quantité n'est pas autre chose que la valeur acquise par $l(x)$ en q, après un pas fait directement de $x=1$ à $x=q$, qu'il nous est évidemment permis de décomposer en deux autres, savoir : le premier de $x=1$ à $x=q'$, premier élément de q, le second de $x=q'$ à $x=q'+iq''=q$.

Le premier de ces deux pas donne en q'

$$l(q')=\frac{1}{1}\,\frac{q'-1}{1}-\frac{1}{2}\left(\frac{q'-1}{1}\right)^2+\ldots;$$

le second donne en q, si l'on représente par χ la pente de q (R. **36**, II)

$$l(q) = \lambda(1+\overline{q-1}) = l(q') + \frac{i\chi}{1} - \frac{(i\chi)^2}{2} + \frac{(i\chi)^3}{3} - \dots$$

En mettant en évidence les éléments de $l(q)$ et posant, pour abréger,

$$\Gamma = \frac{\chi}{1} - \frac{\chi^3}{3} + \frac{\chi^5}{5} - \dots, \tag{19}$$

il vient finalement

$$\lambda(1+\overline{q-1}) = i\Gamma,$$

parce que $\bmod q$ étant $= 1$, le premier élément de $\lambda(1+\overline{q-1}) = l(q)$ s'évanouit (**12**).

La formule (18) donne donc

$$\varpi = i[4(\Gamma_1 + \Gamma_2 + \dots + \Gamma_\sigma)], \tag{20}$$

où, en vertu de la relation (19), $\Gamma_1, \dots, \Gamma_\sigma$, et, par suite, le multiplicateur de i sont des quantités essentiellement positives.

Les formules (19) et (20) diffèrent à peine de celles qu'on tire habituellement de la théorie des fonctions circulaires pour opérer effectivement le calcul numérique de ϖ.

15. *Quand* X *est une quantité réelle positive, tout chemin non équivalent au segment* [1, X] *de l'axe des quantités réelles donne pour* l(X) *une valeur imaginaire.*

Car ce segment lui-même donne pour l(X) une quantité réelle (**11**), et un chemin non équivalent, cette même quantité réelle augmentée de $k\varpi$ (**7**) où ϖ est imaginaire (**14**) et k réel non $= 0$ par hypothèse.

16. *Si* X *est une quantité non réelle positive,* l(X) *est imaginaire, quel que soit le chemin suivi.*

En appelant $X_{(1)}$ la trace de la demi-droite $O_x X$ sur la circonférence $[O_x, 1]$, nous remplacerons le chemin à suivre par un autre équivalent composé de : 1° l'arc de cette circonférence conduisant de $x = 1$ à $x = X_{(1)}$ par une marche de sens rotatif constant; 2° par le segment de la demi-droite considérée, qui conduit de $x = X_{(1)}$ à $x = X$.

En supposant d'abord direct l'arc considéré qui, par hypothèse, ne peut être nul, appelant n le plus grand nombre des quadrants qui y soient contenus, il est évident qu'on peut écrire

$$X_{(1)} = i^n X_{(1)}^{(0)},$$

où le dernier facteur n'a aucun élément négatif, puis décomposer i et $X_{(1)}^{(0)}$ en facteurs primaires q de modules $= 1$ et de pentes $\chi < 1$, tels qu'on pourra effectuer le parcours de cet arc en faisant passer x successivement de 1 à q_1, puis à $q_1 q_2$, à $q_1 q_2 q_3, \ldots$, à $q_1 q_2 \ldots q_\Sigma = X_{(1)}$. On trouvera donc comme ci-dessus (**14**)

$$l(X_{(1)}) = i(\Gamma_1 + \Gamma_2 + \ldots + \Gamma_\Sigma),$$

le multiplicateur de i étant essentiellement positif. Quant au segment rectiligne, son parcours laisse invariable le second élément de $l(x)$ (**10**).

Si l'arc était rétrograde, on trouverait évidemment pour $l(X_{(1)})$ la valeur

$$-i(\Gamma_1 + \Gamma_2 + \ldots + \Gamma_\Sigma)$$

conjuguée à la précédente.

17. Il résulte des premiers principes de la théorie du cercle que *le second élément de $l(X)$ a pour représentation géométrique la longueur même de l'arc considéré ci-dessus, prise positivement ou négativement selon que le sens de son parcours est direct ou rétrograde.*

Ce fait se rattache aux applications géométriques, et ce n'est pas ici le lieu de l'approfondir. La formule (17 *bis*) suffit toutefois à en faire apercevoir l'exactitude; car, pour $\xi = 1$, les vitesses des points x et $u = l(x)$ étant toujours égales, les espaces parcourus en même temps par le premier sur la circonférence $[O_x, 1]$, à partir de $x = 1$, et par le second, sur l'axe des seconds éléments à partir de $u = 0$, sont égaux nécessairement aussi. Les mouvements simultanés de ces deux points ont d'ailleurs les directions requises (**13**).

On a, en particulier,

$$\varpi = i . 2\pi,$$

2π *représentant comme d'habitude la longueur de la circonférence du rayon* 1. Cette observation n'a aucun intérêt *analytique*, parce que toute expression est susceptible de quelque représentation géométrique, et qu'à ce point de vue il n'importe en rien que ce soit l'une ou l'autre. Mais elle était nécessaire *pour justifier l'usage de représenter par* $2\pi i$ *l'aug-*

ment du logarithme népérien, usage auquel nous nous conformerons désormais.

18. *Quand x est infiniment petite ou infinie, le second élément de $l(x)$ est indéterminé, mais le premier est infini, négatif dans le premier cas, positif dans le second.*

On a effectivement

$$l(x) = l(\xi) + iu'',$$

où $l(\xi)$ est la détermination réelle du logarithme de ξ module de x (**12**), et où u'' représente l'arc de cercle défini ci-dessus (**17**). Cette dernière quantité est indéterminée comme le mouvement giratoire autour de l'origine O_x dont x peut être animée en s'approchant ou s'éloignant indéfiniment de ce point.

Si l'on suppose ensuite que ξ croisse de o à $+\infty$ par des valeurs en progression géométrique croissante de raison q (positive et > 1), les valeurs correspondantes de $l(\xi)$ seront les termes d'une progression arithmétique de raison $\lambda(1+\overline{q-1}) = l(q) > 0$ (**5**, V) (**9**), partant croissante; $l(\xi)$ croîtra donc de $-\infty$ à $+\infty$.

Les choses se passeront de la même manière pour tout autre mode de croissance de ξ, car $\frac{1}{\xi}$, dérivée de $l(\xi)$ (**5**), étant toujours positive, cette dernière fonction est toujours croissante.

19. Le signe $l(X)$, posé sans indication complémentaire représente assez souvent l'ensemble des valeurs que $l(x)$ acquiert en X au bout de tous les chemins pouvant être tracés de $x = 1$ à $x = X$ et qu'on nomme alors *les logarithmes* de X. Quelquefois aussi, il représente l'un de ces logarithmes spécifié d'une manière ou d'une autre.

Ce point de vue comporte plusieurs observations utiles.

I. *Si k représente un entier absolument indéterminé (positif, nul ou négatif), tous les logarithmes de X sont renfermés dans l'expression*

$$l(X) + k.2\pi i,$$

où $l(X)$ désigne l'un d'eux choisis arbitrairement (**8**).

II. *Tous ces logarithmes sont imaginaires, excepté quand X est une quantité réelle positive, cas auquel l'un d'eux, mais un seul, est toujours réel* (**11**), (**15**), (**16**).

Alors la notation $l(X)$ représente habituellement cette détermination réelle unique.

III. *La relation* (14) *cesse d'être exacte quand on y remplace les déterminations voulues des logarithmes par d'autres prises au hasard, mais elle le redevient par l'addition au second membre de la constante*

$$(21) \qquad (-k + k'K' + k''K'' + \ldots + k^{(g)}K^{(g)})2\pi i,$$

où k, k', ... *sont des entiers convenablement choisis.*

Car les déterminations des logarithmes requises pour l'exactitude de cette relation sont respectivement égales à d'autres quelconques augmentées de tels ou tels multiples entiers de $2\pi i$ (I).

IV. *Mais, quand les quantités* x', x'', ... *sont toutes réelles positives et quand on adopte pour* $x'^{K'}$, $x''^{K''}$, ... *leurs déterminations positives* (R. **32**), *pour leurs logarithmes et celui de leur produit leurs déterminations réelles, la relation* (14) *subsiste toujours sous la même forme extérieure.*

Car, le choix de pareilles déterminations rendant réels à la fois les deux membres de cette relation, il faut de toute nécessité que, dans le terme additionnel (21), le facteur entre parenthèses se réduise à 0.

A un facteur constant près (**40** *et suiv. inf.*), cette formule est alors celle qui fait des logarithmes un instrument si expéditif pour l'exécution indirecte des calculs numériques usuels. Les cas particuliers les plus employés sont

$$(22) \qquad \begin{cases} l(x'x''\ldots x^{(g)}) = l(x') + l(x'') + \ldots + l(x^{(g)}), \\ l\left(\dfrac{x'}{x''}\right) = l(x') - l(x''), \\ l(x'^{K'}) = K'\,l(x'). \end{cases}$$

V. Les seconds éléments des logarithmes de X sont ce qu'on nomme les *arguments* de cette quantité X; ils sont représentés géométriquement par l'arc de cercle défini au n° **17**, augmenté des multiples entiers de la longueur totale 2π de la circonférence de rayon 1.

En égalant les seconds éléments des deux membres de la formule (14) modifiée comme nous l'avons expliqué ci-dessus (III), on obtient en particulier une représentation géométrique partielle de la multiplication, de la division et de l'extraction des racines; mais à nos yeux elle a un bien minime intérêt.

20. Les logarithmes des racines $m^{\text{ièmes}}$ de l'unité ont des valeurs remarquables qu'il est utile de calculer.

En appelant $\alpha_m = \Phi\left(\frac{1}{m}\right)$ la racine principale directe (R. **55**), chacune des autres a pour expression $\alpha_m^n = \Phi\left(\frac{n}{m}\right)$, où n est quelque entier positif $< m$. Cela posé, nous représenterons par $l(\alpha_m^n)$ la valeur de $l(x)$ au bout du plus court chemin de sens direct qui conduit de 1 à α_m^n sur la circonférence $[O_x, 1]$ ayant 1 pour rayon et l'origine O_x pour centre, et nous allons constater qu'*on a toujours*

$$l(\alpha_m^n) = \frac{n}{m} 2\pi i. \tag{23}$$

I. *Si* μ *est* $\overline{\overline{<}} \frac{1}{8}$, $\Phi(\mu)$, *qui est alors une quantité primaire, a une pente* $\overline{\overline{<}} 1$ (R. **36**, II).

De $\Phi(\frac{1}{8})^2 = \Phi(\frac{2}{8}) = \Phi(\frac{1}{4}) = i$, et en posant $\Phi(\frac{1}{8}) = P' + iP''$, on déduit $P'^2 - P''^2 = 0$, d'où $\frac{P''}{P'} = \pm 1$, et, par suite, $= +1$, puisqu'il s'agit d'une quantité primaire.

Quant à la seconde alternative, elle est exacte aussi parce que μ et la pente de $\Phi(\mu)$ varient dans le même sens (R. **39**, III).

II. Soit maintenant k un entier positif > 8; aux valeurs successives de x

$$1,\quad \Phi\left(\frac{1}{km}\right),\quad \Phi\left(\frac{2}{km}\right),\quad \ldots,\quad \Phi\left(\frac{k}{km}\right) = \Phi\left(\frac{1}{m}\right) = \alpha_m, \tag{24}$$

correspondront pour x^n les valeurs

$$1,\quad \Phi\left(\frac{n}{km}\right),\quad \Phi\left(\frac{2n}{km}\right),\quad \ldots,\quad \Phi\left(\frac{kn}{km}\right) = \Phi\left(\frac{n}{m}\right) = \alpha_m^n, \tag{25}$$

et pour x^m

$$1,\quad \Phi\left(\frac{m}{km}\right),\quad \Phi\left(\frac{2m}{km}\right),\quad \ldots,\quad \Phi\left(\frac{km}{km}\right) = \Phi(1) = 1. \tag{26}$$

Le chemin (25) conduit de 1 à α_m^n de la manière voulue, car cette ligne brisée est inscrite dans la circonférence $[O_x, 1]$; ses côtés, tous égaux à mod $\left[\Phi\left(\frac{n}{km}\right) - 1\right]$, sont < 1 parce que $\frac{n}{km}$ étant $< \frac{1}{8}$ la pente de $\Phi\left(\frac{n}{km}\right)$ est < 1 (I) (R. **37**); enfin elle est le plus court chemin tracé sur cette circonférence de 1 à α_m^n dans le sens direct parce que, dans Φ, μ croît sans cesse de o à la quantité positive $\frac{n}{m} < 1$ (R. **39**, VII, 2°).

Pour des causes analogues, le chemin (26) est un anneau parcouru dans le sens direct de 1 à 1 autour de l'origine.

Cela posé, la formule (23) résulte de l'identité

$$l(x^n) = \frac{n}{m} l(x^m) \ (\mathbf{6}),$$

appliquée au cas où l'on fait marcher x sur le chemin (24), car, d'après ce que nous venons de dire $l(x^n)$ et $l(x^m)$ prennent les valeurs finales $l(\alpha_m^n)$ et $2\pi i$ (**7**).

Les cas particuliers suivants sont les plus utiles :

$$l(-1) = l(\alpha_2^1) = \tfrac{1}{2} 2\pi i = \pi i,$$
$$l(i) = l(\alpha_4^1) = \tfrac{1}{4} 2\pi i = \frac{\pi i}{2},$$
$$l(-i) = l(\alpha_4^3) = \tfrac{3}{4} 2\pi i = \tfrac{3}{2}\pi i.$$

21. Le logarithme ne cessant d'être olotrope que pour une valeur nulle ou infinie de sa variable (**5**, I), *les phases singulières de la fonction composée $lf(x, y, \ldots)$ ne peuvent correspondre qu'à celles de la fonction simple $f(x, y, \ldots)$, ainsi qu'aux valeurs de $x, y, \ldots$, qui la rendent nulle ou infinie* (**2**, III).

Le calcul par cheminement de $lf(x, y, \ldots)$ se ramène naturellement au tracé de la ligne décrite par $U = f(x, y, \ldots)$, quand $x, y, \ldots$ marchent sur les chemins donnés, puis au calcul de $l(U)$ sur cette ligne. Quand $f(x, y, \ldots)$ est décomposable en facteurs plus simples, la relation (14) peut rendre l'opération très facile. On en trouvera plus loin un exemple (**25**, *inf.*).

22. Une fonction composée de $l(x)$ se trouve naturellement dans une phase singulière ou tout au moins critique, quand x est infiniment petit ou infini (**2**, III). Assez souvent, on a intérêt à y remplacer x par e^y pour étudier ensuite ce qui s'y passe quand on rend le premier élément de y infini négatif ou positif (**33**, I, *inf.*). Par exemple, on trouve immédiatement ainsi que, pour x infiniment petit positif, $x^\mu [l(x)]^\nu$ tend vers o quels que soient les exposants commensurables positifs μ, ν (**39**, *inf.*).

23. Le logarithme népérien qui est connu maintenant par ses valeurs numériques et par ses propriétés caractéristiques, à peu près comme l'étaient auparavant les fonctions rationnelles, les monômes irrationnels, etc., fournit un nouvel élément des plus précieux dans l'intégration des fonctions méromorphes ou susceptibles de développements *rhizomorphes* ([1]).

Quand la fonction sous le signe d'intégration contient dans son développement un terme de la forme

$$\frac{A}{x - \mathfrak{a}},$$

où A n'est pas nul, il lui correspond évidemment dans celui de l'intégrale le terme

$$A\, l(x - \mathfrak{a}),$$

qui introduit dans sa phase singulière en $x = \mathfrak{a}$ une complication *logarithmique*.

De ce chef, par exemple, *l'intégrale augmente de* $A.2\pi i$ *à chaque révolution directe de* x *autour du point* $\mathfrak{a}$. Effectivement, la différence $(x - \mathfrak{a})$ se meut toujours par rapport à sa propre origine, comme x relativement au point $\mathfrak{a}$ (**7**), etc.

24. Voici la plus importante des propositions qui se rattachent aux considérations de ce genre

Si la fonction $f(x)$ *est méromorphe dans l'aire limitée et imperforée* S, *mais olotrope sur son contour* (C), *l'intégrale définie* $\int_{(C)} f(x)dx$, *prise en parcourant ce contour une fois dans le sens direct, est liée au résidu intégral de* $f(x)$ *dans l'aire considérée, par la relation*

$$\int_{(C)} f(x)\,dx = 2\pi i \mathop{\mathcal{E}}_{S} f(x). \tag{27}$$

([1]) Je propose cette dénomination pour les séries de la forme

$$a_0(x - x_0)^{\frac{\varpi_0}{\nu}} + a_1(x - x_0)^{\frac{\varpi_1}{\nu}} + \ldots + a_m(x - x_0)^{\frac{\varpi_m}{\nu}} + \ldots,$$

où ν et $\varpi_0, \varpi_1, \ldots$ sont des entiers, le premier positif, les autres allant sans cesse, soit en croissant, soit en décroissant (algébriquement). Ces développements se rencontrent à chaque instant dans la théorie des fonctions implicites et, par suite, dans celle des intégrales abéliennes.

En intégrant par décomposition après avoir substitué à $f(x)$ son développement connu en fractions simples accompagnées d'une fonction olotrope dans l'aire S, il vient

$$(28)\qquad \int f(x)\,dx = \mathrm{F}(x) + \mathrm{A}_1 l(x-\alpha_1) + \ldots + \mathrm{A}_\gamma l(x-\alpha_\gamma),$$

où $\alpha_1, \alpha_2, \ldots, \alpha_\gamma$ sont les infinis de $f(x)$ contenus dans l'aire S, où $\mathrm{A}_1, \ldots, \mathrm{A}_\gamma$ sont les résidus de cette fonction relatifs à ces divers infinis, où $\mathrm{F}(x)$ enfin est une fonction méromorphe dans la même aire.

Quand x revient à son point de départ après avoir parcouru le contour (C), le terme $\mathrm{F}(x)$ méromorphe dans l'aire S, partant monodrome, revient à sa valeur initiale et ne donne rien dans l'intégrale définie. Mais, comme le contour constitue un anneau direct ceignant l'un quelconque des points $\alpha_1, \ldots, \alpha_\gamma$, chaque logarithme augmente de $2\pi i$ (**23**). Il reste donc

$$\int_{(\mathrm{C})} f(x)\,dx = 2\pi i(\mathrm{A}_1 + \mathrm{A}_2 + \ldots + \mathrm{A}_\gamma),$$

où, par définition, la somme entre parenthèses est précisément le résidu intégral de la relation (27).

En faisant varier la nature de $f(x)$ et la forme du contour (C), en exécutant des transformations diverses, Cauchy, auteur de ce théorème, en a déduit les valeurs d'une foule d'intégrales définies, les unes nouvelles, les autres déjà obtenues, mais par des moyens bien plus pénibles. On a cru que cette élégante méthode réduisait des *intégrations* aux simples *différentiations* nécessaires pour calculer les résidus, et l'on s'en est étonné. Mais la relation transitoire (28) montre bien qu'au fond l'intégration n'est ramenée qu'à *d'autres intégrations* dont les résultats sont fournis, une fois pour toutes, par la théorie du logarithme.

25. Nous terminons ce paragraphe par un autre théorème de Cauchy qui porte encore son nom.

Les mêmes choses étant admises que dans le précédent avec la condition pour $f(x)$ de n'avoir aucun zéro sur le contour (C), *si l'on nomme m la somme des degrés de multiplicité des zéros de $f(x)$ intérieurs à l'aire* S, *μ la même somme pour les infinis de cette fonction et $\Delta l f(x)$ la variation que fait éprouver à $lf(x)$ le parcours du contour* (C) *dans le* *sens direct, on a*

$$m - \mu = \frac{\Delta l f(x)}{2\pi i}.$$

En appelant

$$a_1, \quad a_2, \quad \ldots, \quad a_g,$$
$$\alpha_1, \quad \alpha_2, \quad \ldots, \quad \alpha_\gamma$$

les zéros et les infinis de $f(x)$ contenus dans l'aire S et

$$m_1, \quad m_2, \quad \ldots, \quad m_g,$$
$$\mu_1, \quad \mu_2, \quad \ldots, \quad \mu_\gamma$$

leurs degrés de multiplicité puis $\mathfrak{f}(x)$ une certaine fonction olotrope dans l'aire S et n'y possédant aucun zéro, la théorie des fonctions méromorphes d'une seule variable conduit à la formule de décomposition connue

$$f(x) = \frac{(x - a_1)^{m_1} \ldots (x - a_g)^{m_g}}{(x - \alpha_1)^{\mu_1} \ldots (x - \alpha_\gamma)^{\mu_\gamma}} \mathfrak{f}(x),$$

d'où l'on tire immédiatement, moyennant un choix convenable des déterminations des logarithmes (**6**)

$$l f(x) = \Sigma m_i l(x - a_i) - \Sigma \mu_\iota l(x - \alpha_\iota) + l\mathfrak{f}(x),$$

puis, après le parcours direct du contour (C),

$$\Delta l f(x) = \Sigma m_i \Delta l(x - a_i) - \Sigma \mu_\iota \Delta l(x - \alpha_\iota) + \Delta l\mathfrak{f}(x).$$

Dans le second membre de cette égalité, le dernier terme se réduit à zéro; car $\mathfrak{f}(x)$ étant olotrope et sans zéro dans l'aire imperforée S, $l\mathfrak{f}(x)$ y est localement olotrope (**5**, I) (**2**, III), et, par suite, monodrome (R. **4**, III), puisque cette aire est imperforée. D'autre part, on a, comme tout à l'heure (**23**),

$$\Delta l(x - a_i) = \Delta l(x - \alpha_\iota) = 2\pi i;$$

il reste donc

$$\Delta l f(x) = (\Sigma m_i - \Sigma \mu_\iota) 2\pi i,$$

ce qu'il suffisait de prouver.

Cauchy a tiré de cette proposition des conséquences fort intéressantes pour le dénombrement des racines des équations à une inconnue, qui sont renfermées dans des aires limitées par des contours spéciaux; mais leur reproduction ne serait pas ici à sa place.

Fonction exponentielle.

26. L'étude des fonctions engendrées par l'*inversion* des intégrales abéliennes est assurément l'une des parties les plus intéressantes de toute leur théorie. Nous avons à la faire actuellement pour le logarithme népérien.

La résolution, par rapport à u, de l'équation

$$(1) \qquad l(u) = x$$

donne une fonction de x qui est indéfiniment olotrope et dont le développement par la formule de Maclaurin est

$$(2) \qquad u = 1 + \frac{x}{1} + \frac{x^2}{1.2} + \ldots + \frac{x^m}{1.2\ldots m} + \ldots.$$

Cette équation étant satisfaite pour $x = 0$, $u = 1$, valeurs de x, u, pour lesquelles le premier membre $l(u) - x$ de sa forme normale est olotrope et sa dérivée partielle $\frac{1}{u}$ par rapport à u ne s'évanouit pas, possède une seule racine olotrope en $x = 0$ et y prenant la valeur $u = 1$ (**2**, V); en outre, cette racine est déterminée par l'équation différentielle et la condition initiale

$$\frac{du}{dx} = u, \qquad u = 1 \qquad \text{pour} \quad x = 0.$$

Comme la combinaison de cette équation avec celles qu'on obtient en la différentiant indéfiniment donne, quel que soit m,

$$(3) \qquad \frac{d^m u}{dx^m} = u,$$

on trouve immédiatement la série (2) pour premier développement de son intégrale.

Le rayon de convergence de cette série est d'ailleurs illimité; car, pour une valeur X de x ayant un module supérieur à celui que l'on considère, le rapport $\frac{\text{mod.X}}{m}$ des modules des termes de rangs $m+1$, m est toujours infiniment petit, d'où l'on conclut facilement que pour $x = \text{X}$ le module du terme général est infiniment petit aussi et à plus forte raison fini.

L'intégrale cherchée est donc bien la fonction indéfiniment olotrope dont la formule (2) fournit le développement, car la somme de cette série, satisfaisant certainement à l'équation (1) pour les valeurs de x suffisamment voisines de o, la vérifie certainement pour toutes valeurs de x (**2**, I).

27. En représentant provisoirement cette fonction par $\varphi(x)$, il est évident que *la résolution de l'équation*

$$\varphi(x) = u,$$

faite à partir de $u = 1$, $x = 0$ *reproduit* $l(u)$, car, à cause de $\varphi'(x) = u$ (**26**), elle donne l'intégrale de l'équation différentielle

$$\frac{dx}{du} = \frac{1}{u},$$

complétée par la condition initiale $x = 0$ pour $u = 1$ (**2**, V) (**5**).

28. *La différentiation de la fonction* $\varphi(x)$ *la reproduit indéfiniment; en d'autres termes, on a, quel que soit l'indice* m,

$$(4) \qquad \varphi^{(m)}(x) = \varphi(x).$$

Cette identité n'est pas autre chose que la relation (3) écrite d'une autre manière. D'ailleurs la différentiation de la série (2) la rend évidente *a posteriori*.

29. A la propriété caractéristique du logarithme népérien (**6**) correspond par inversion celle de $\varphi(x)$ que nous allons énoncer et qui est fondamentale.

Au bout de chemins quelconques issus de

$$x' = x'' = \ldots = x^{(g)} = 0,$$

on a identiquement

$$(5) \qquad [\varphi(x')]^{K'}[\varphi(x'')]^{K''}\ldots[\varphi(x^{(g)})]^{K^{(g)}} = \varphi(K'x' + K''x'' + \ldots + K^{(g)}x^{(g)}),$$

pourvu que ces radicaux partent des valeurs initiales

$$[\varphi(0)]^{K'} = [\varphi(0)]^{K''} = \ldots = 1 \quad (\text{R. } \mathbf{60}).$$

Les trajets imposés à x', x'', ... font décrire aux quantités

$$(6)\qquad X' = \varphi(x'),\qquad X'' = \varphi(x''),\qquad \ldots$$

des chemins au bout desquels on a la relation (14) du n° **6**

$$(7)\qquad \left\{\begin{aligned} l(X'^{K'}\ldots X^{(g)K^{(g)}}) &= K'l(X')+\ldots+K^{(g)}l(X^{(g)})\\ &= K'x' \quad +\ldots+K^{(g)}x^{(g)}, \end{aligned}\right.$$

parce que (**27**) les formules (6) donnent inversement

$$l(X') = x',\qquad l(X'') = x'',\qquad \ldots.$$

Or, et cela par définition (**26**), la résolution de la relation (7) par rapport à la quantité dont le logarithme figure dans son premier membre donne précisément celle qu'on veut établir après substitution de $\varphi(x')$, $\varphi(x'')$, ... à X', X'', ...

30. Quand les nombres K', K'', ... sont tous entiers, l'identité (5) ne renferme que des fonctions indéfiniment monodromes et subsiste, par suite, *indépendamment de toute condition accessoire*. La considération de la série (2) en fournit alors une autre démonstration bien simple.

La formule de Taylor, indéfiniment applicable à la fonction $\varphi(x)$ parce que la série (2) est indéfiniment convergente, donne, pour toute valeur de x et de h, cela à cause de l'identité (4),

$$(8)\qquad \varphi(x+h) = \varphi(x)\varphi(h);$$

on en tire facilement

$$\varphi(x'+x''+\ldots+x^{(g)}) = \varphi(x')\varphi(x'')\ldots\varphi(x^{(g)}),$$

puis, en prenant $x' = x'' = \ldots = x^{(g)} = x$,

$$(9)\qquad \varphi(gx) = [\varphi(x)]^g.$$

On a, d'autre part, à cause de (8),

$$1 = \varphi(0) = \varphi(x-x) = \varphi(x)\varphi(-x$$

d'où l'on conclut

$$\varphi(-x) = [\varphi(x)]^{-1},$$

puis, en vertu de (9),

$$(10)\qquad \varphi(-gx) = [\varphi(x)]^{-g}.$$

Une combinaison évidente de toutes ces formules particulières conduit ensuite à la forme de l'identité générale (5) dans le cas qui nous occupe.

31. *Aux valeurs de x en progression arithmétique*

$$\ldots,\quad x_{i-1},\quad x_i,\quad x_{i+1},\quad \ldots,$$

de raison h, correspondent pour $\varphi(x)$ des valeurs en progression géométrique de raison $\varphi(h)$.

Car les égalités supposées

$$\ldots = x_i - x_{i-1} = x_{i+1} - x_i = \ldots = h$$

donnent (**30**)

$$\ldots = \frac{\varphi(x_i)}{\varphi(x_{i-1})} = \frac{\varphi(x_{i+1})}{\varphi(x_i)} = \ldots = \varphi(h).$$

32. La relation (5) donne, en particulier,

$$\varphi(\mathrm{K}x) = [\varphi(x)]^{\mathrm{K}},$$

d'où, pour $x = 1$,

$$\varphi(\mathrm{K}) = [\varphi(1)]^{\mathrm{K}}.$$

On représente par la lettre e la constante $\varphi(1)$ en posant

$$e = \varphi(1) = 1 + \frac{1}{1} + \frac{1}{1.2} + \ldots = 2,7182818\ldots.$$

On a ainsi

$$\varphi(x) = e^x,$$

pour toute valeur de x réelle et commensurable, formule qui facilite beaucoup la conception de pareilles valeurs de notre fonction.

Pour x non réelle commensurable, le signe e^x n'a point de sens; mais, précisément à cause de cela, on peut lui en imposer un en écrivant, pour toute valeur de x et conventionnellement quand il y a lieu,

$$\varphi(x) = e^x.$$

C'est la notation que nous adopterons désormais en nous conformant à l'usage. Elle a le double avantage de fournir les valeurs de notre fonction dans tous les cas où elle a un sens propre et de rappeler aux yeux l'analogie parfaite de sa propriété caractéristique (5) avec les règles du calcul des exposants. D'où le nom de fonction *exponentielle* auquel on ajoute quelquefois le mot *népérienne* pour la distinguer d'autres analogues dont nous parlerons plus loin (**41** *et* **45** *inf.*).

33. La discussion numérique de la fonction exponentielle se ramène immédiatement à celle du logarithme népérien, en vertu de cette observation qu'un théorème énoncé plus haut (**2**, VI) rend évidente.

Si le parcours par u d'un chemin quelconque [1, U] *fait décrire à*

$$x = l(u)$$

le chemin [o, X], *on a certainement*

$$e^X = U.$$

Il y a toutefois quelques faits qui sont intéressants à établir directement.

I. *Quand x croît de $-\infty$ à $+\infty$ en passant par des valeurs réelles, e^x est réelle et croît de* o *à* $+\infty$.

Le premier point résulte de ce que tous les coefficients de la série (2) sont réels. Comme ils sont en outre positifs, e^x est positive aussi pour $x > 0$ et même pour $x < 0$, à cause de $e^{-x} = \frac{1}{e^x}$ (**30**).

Enfin e^x, dérivée première de e^x (**28**), étant ainsi toujours positive, e^x est toujours croissante et même à l'infini à cause de $e^x > x$. Quand x décroît jusqu'à $-\infty$, e^x tend vers o parce que $-x$ est une quantité positive infinie et qu'on a $e^x = \frac{1}{e^{-x}}$.

II. *Quand x', premier élément de $x = x' + ix''$, est nul, on a*

$$\operatorname{mod} e^x = \operatorname{mod} e^{ix''} = 1.$$

A cause de la réalité, tant des coefficients de la série (2) que de x'', les quantités

$$e^{ix''}, \quad e^{-ix''}$$

sont conjuguées et le carré de leur module commun se réduit à 1, parce que l'on a

$$(\operatorname{mod} e^{ix''})^2 = e^{ix''} e^{-ix''} = e^0 = 1 \quad (\mathbf{30}).$$

III. *Dans les autres cas on a*

$$\text{mod}\, e^{x'+ix''} = e^{x'}. \tag{11}$$

Car $e^{x'}$ est une quantité positive (I) donnant (**30**)

$$\frac{e^{x}}{e^{x'}} = e^{x-x'} = e^{ix''},$$

quantité de module 1 (II).

IV. *Quand x se meut de $-\infty$ à $+\infty$ sur une parallèle à l'axe O_xX', menée à la distance x'' de cet axe, $u = e^x$ marche de 0 à ∞ sur la demi-droite tracée de l'origine O_u à l'extrémité d'un arc de longueur $\pm x''$ mesuré à partir du point $u = 1$ sur la circonférence $[O_u, 1]$ dans le sens de rotation direct ou dans le sens rétrograde, selon que x'' est $\gtrless 0$.*

Car $x = l(u)$ décrit précisément cette parallèle quand u se meut sur la demi-droite en question (**10**).

V. *Quand x se meut uniformément de $-\infty$ à $+\infty$ sur une parallèle à l'axe O_xX'' menée à la distance x' de cet axe, $u = e^x$ tourne uniformément dans le sens direct sur la circonférence $[O_u, e^{x'}]$ en passant en $u = 1$ au moment où x passe en x' et en faisant une révolution entière chaque fois que x progresse d'une longueur $= 2\pi$ sur la parallèle considérée.*

Car $x = l(u)$ décrit précisément cette parallèle quand u décrit, de la manière indiquée, la circonférence en question (**13**).

VI. *Si m, n sont deux entiers, le premier positif, et si α_m désigne toujours la racine principale directe $m^{\text{ième}}$ de l'unité, on a*

$$e^{\frac{n}{m}2\pi i} = \alpha_n^m;$$

d'où, en particulier,

$$e^{\pi i} = -1, \qquad e^{\pm\frac{\pi i}{2}} = \pm i.$$

Ces formules sont des conséquences évidentes de celles inverses du n° **20**; elles fournissent pour les racines de l'unité des expressions que l'existence des Tables trigonométriques rend les plus convenables pour leur calcul numérique.

34. La fonction exponentielle, étant indéfiniment olotrope, a pour phase singulière unique celle correspondant aux valeurs infinies de x.

En vertu de la relation (11), combinée avec les conclusions des alinéas qui la précèdent dans le n° **33**, *elle est infinie quand le premier élément de x est infini positif, infiniment petite quand il est infini négatif, indéterminée dans tous les autres cas.*

Un pareil mode de variation sépare absolument e^x de toutes les fonctions algébriques d'une variable, dont chacune tend vers une limite déterminée ou bien est infinie pour des valeurs infinies *quelconques* de la variable.

35. *L'équation numérique*

$$e^u = \mathrm{X}$$

est impossible ou possible selon que X *est* $=0$ *ou non. Dans ce dernier cas elle a pour racines uniques toutes les déterminations de* $l(\mathrm{X})$.

Nous savons (**2**, VI) que cette équation n'a pas d'autres racines que les valeurs acquises par la racine localement olotrope variable de l'équation

$$e^u = x,$$

précisée par une condition initiale quelconque, en particulier par $u=0$ pour $x=1$, au bout de tous les chemins qui peuvent conduire x de 1 à X. Nous savons, d'autre part (**27**), que cette racine variable est précisément $l(x)$.

Cela posé, si $\mathrm{X}=0$, tous ces chemins conduisent le premier élément de $l(x)$ à l'infini négatif (**18**); si, au contraire, X est non $=0$, ils donneront naturellement toutes les déterminations de $l(\mathrm{X})$, savoir

$$\mathrm{U} + k.2\pi i,$$

en appelant U l'une d'elles choisie à volonté et k un entier quelconque positif nul ou négatif (**19**, I).

36. La *périodicité* est une propriété extrêmement curieuse et importante qui, sous des formes variées, appartient à une infinité de fonctions engendrées par l'inversion des intégrales abéliennes, et déjà à l'exponentielle, comme nous allons le constater.

Soient $f(x)$ une fonction d'une seule variable et Π une constante donnée non $=0$; on dit que $f(x)$ *admet* Π *pour période* si, quel que soit l'entier m (positif ou négatif), on a identiquement

$$f(x+m\Pi) = f(x).$$

Une pareille fonction est dite *périodique*, et la période Π est dite *élémentaire* s'il n'en existe aucune autre ayant un module moindre.

Cela posé, *la fonction exponentielle admet* $\pm 2\pi i$ *pour période élémentaire.*

Car, en vertu de ce qui précède (**35**), et quelle que soit x, l'équation

$$e^u = e^x$$

a pour racines toutes les quantités de la forme $x + m.2\pi i$ et n'en possède aucune autre.

37. Relativement aux parties aliquotes de sa période $2\pi i$, l'exponentielle jouit d'une sorte de périodicité imparfaite. Car, en appelant m un entier positif et α_m la racine principale directe $m^{\text{ième}}$ de l'unité, on a (**33**, VI)

$$e^{x+n\frac{2\pi i}{m}} = e^{n\frac{2\pi i}{m}} e^x = \alpha_m^n e^x.$$

L'addition à x d'un multiple entier de $\frac{2\pi i}{m}$ reproduit donc encore l'exponentielle, mais au facteur α_m^n près qui se réduit à 1 *quand n est multiple de m.*

38. La composante e^u étant indéfiniment olotrope, la fonction composée $e^{\mathrm{U}(x,y,\ldots)}$ l'est elle-même aussi longtemps que la fonction simple $\mathrm{U}(x,y,\ldots)$ jouit de cette propriété (**2**, III).

39. L'observation suivante est utile à la discussion de beaucoup d'expressions compliquées d'exponentielles.

Quelque grand que soit l'exposant positif fractionnaire μ, le rapport

$$\frac{e^x}{x^\mu}$$

est infini pour des valeurs positives infinies de x.

Car, à cause du développement (2), ce rapport est supérieur à

$$\frac{x^{\mathrm{M}-\mu}}{1.2\ldots\mathrm{M}},$$

M désignant quelque entier supérieur à μ.

Logarithmes vulgaires et autres fonctions connexes à l'exponentielle.

40. La relation fondamentale (14) du n° **6** étant linéaire et homogène par rapport aux logarithmes qu'elle renferme, reste exacte quand on les multiplie tous par une même constante quelconque a, que nous supposerons non $= 0$.

Ces produits sont les valeurs de la fonction

$$a\,l(x),$$

pour $x = x', x'', \ldots$ et se nomment les *logarithmes* de ces quantités *pris dans le système de module a*. On représente cette fonction par $\log_a(x)$, et l'on nomme *base* du système la quantité $A = e^{\frac{1}{a}}$, dont l'un des logarithmes de cette espèce est $= 1$.

D'après cette définition, les logarithmes népériens appartiennent au système qui a 1 *pour module et* $e^{\frac{1}{1}} = e$ *pour base.*

41. Le seul cas dans lequel il y ait intérêt à considérer ces nouveaux logarithmes est celui où a, module du système, est une quantité réelle (la base A est alors une quantité positive), et où l'on fait abstraction de leurs déterminations imaginaires. Ils sont encore réels quand ils appartiennent à des quantités positives et conservent les propriétés exprimées par les formules (22) du n° **19**.

Quand x est une quantité positive, on peut considérer $u = \log_a(x)$ comme la racine réelle unique de l'équation

$$e^{\frac{u}{a}} = x.$$

La fonction $e^{\frac{x}{a}}$ jouit évidemment de propriétés caractéristiques de l'exponentielle et, quand x est réelle commensurable, elle est égale à la détermination positive de $\left(e^{\frac{1}{a}}\right)^x$ (R. **61**). Pour ce double motif, on la représente souvent par

$$A^x.$$

L'équation précédente s'écrit alors

$$A^u = x.$$

Quand on donne la base $A = e^{\frac{1}{a}}$, le module est évidemment fourni par la formule

$$a = \frac{1}{l(A)}, \tag{12}$$

d'où

$$A^x = e^{x l(A)} = 1 + \frac{x\, l(A)}{1} + \ldots,$$

en se bornant à la détermination réelle de $l(A)$.

42. Pour $A = 10$, base du système de la numération décimale, *les logarithmes des puissances de* 10 *deviennent précisément égaux à leurs exposants*. C'est cette particularité, très avantageuse dans la pratique, qui a fait adopter les logarithmes de cette espèce pour l'abréviation des calculs numériques, sous le nom de *logarithmes de Briggs* ou *vulgaires;* on les désigne simplement par le signe log.

D'après la formule (12) leur module a pour valeur

$$\frac{1}{l(10)},$$

et l'on a généralement

$$\log(x) = \frac{l(x)}{l(10)}.$$

Cet emploi des logarithmes vulgaires est à la fois l'origine historique des transcendantes dont nous nous occupons et la plus utile de leurs applications pratiques.

43. Comme un logarithme vulgaire est le quotient de deux logarithmes népériens, la construction d'une Table de logarithmes exige seulement le calcul des logarithmes népériens de toutes les quantités positives. Les quantités incommensurables ne figurent jamais dans les calculs numériques que par leurs valeurs approchées et le logarithme d'une fraction pouvant s'obtenir par la différence de ceux de ces termes, *la question revient en dernière analyse au calcul des logarithmes népériens des nombres entiers positifs*.

L'emploi répété du développement (9) du n° **5** y suffirait, car il donne immédiatement pour toute valeur de N au moins égalé à 1

$$l(N+1) = l(N) + \frac{1}{N} - \frac{1}{2N^2} + \frac{1}{3N^3} - \dots$$

d'où, en partant de $l(1) = 0$, on déduirait successivement $l(2)$, $l(3)$, ...
On remarquera en passant la formule curieuse

$$l(2) = 1 - \tfrac{1}{2} + \tfrac{1}{3} - \tfrac{1}{4} + \dots.$$

Mais on obtient des séries d'une convergence infiniment plus rapide en opérant comme il suit.

Pour $x_0 = 1$, $x = 1 \pm h$, ce même développement donne

$$l(1+h) = \frac{h}{1} - \frac{h^2}{2} + \frac{h^3}{3} - \dots,$$

$$l(1-h) = -\frac{h}{1} - \frac{h^2}{2} + \frac{h^3}{3} - \dots,$$

puis, par soustraction,

$$l(1+h) - l(1-h) = l\left(\frac{1+h}{1-h}\right) = 2\left[\frac{h}{1} + \frac{h^3}{3} + \frac{h^5}{5} + \dots\right],$$

formule valable, comme les deux précédentes, seulement pour $\operatorname{mod} h < 1$.
En y faisant donc $h = \frac{1}{2N+1}$, elle devient

$$l\left(\frac{N+1}{N}\right) = l(N+1) - l(N) = 2\left[\frac{1}{2N+1} + \frac{1}{3(2N+1)^3} + \dots\right],$$

série très rapidement convergente pour peu que l'entier N ne soit pas très petit. Elle fournit, de proche en proche, comme ci-dessus, les logarithmes de 2, 3, 4, ... Cet artifice donne un exemple des moyens indirects par lesquels les calculateurs habiles savent abréger leur travail.

Les logarithmes sont, en général, des nombres incommensurables dont les Tables peuvent seulement contenir des valeurs approchées. Le degré d'approximation dont on s'y contente est déterminé par cette condition générale que *les erreurs dont l'emploi de logarithmes inexacts peut entacher les résultats des calculs numériques puissent facilement être maintenues au-dessous de celles que l'on ne pourrait éviter en mesurant directement les grandeurs physiques correspondantes.* Les meilleures Tables usuelles donnent les logarithmes avec sept décimales exactes; si les artistes parvenaient à augmenter beaucoup la précision des instruments de mesure, il faudrait, pour n'en pas perdre le bénéfice, augmenter parallèlement l'approximation des Tables.

44. La fonction $\psi(\mathfrak{m}, x)$, étudiée dans mon Mémoire sur les radicaux s'exprime très simplement au moyen de l'exponentielle et du logarithme népérien. Son premier développement étant

$$\varphi\left(\mathfrak{m}, 1 + \frac{x-1}{1}\right) = 1 + \frac{\mathfrak{m}\, l(x)}{1} + \frac{\mathfrak{m}^2 [l(x)]^2}{1.2} + \ldots = e^{\mathfrak{m} l(x)},$$

puisque la série représentée par T (R. **14**) n'est pas autre chose que $\lambda(1 + t)$ qui fournit le premier développement de $l(x)$ (**5**), on a identiquement, au bout de tous les chemins imaginables,

$$\psi(\mathfrak{m}, x) = e^{\mathfrak{m} l(x)} \quad (\mathbf{2}, \mathrm{I}).$$

Comme l'exponentielle est indéfiniment olotrope et que le logarithme népérien ne cesse de l'être qu'en $x = 0$, cette valeur de x est la seule qui soit critique pour cette fonction composée (**2**, III). En étudiant la fonction ψ, nous avons vu ce qui s'y passe quand $\mathfrak{m}$ est réel (R. **42**). *Pour $\mathfrak{m}$ imaginaire, cette fonction n'y est jamais olotrope*, car l'adjonction à un chemin quelconque d'un anneau direct ceignant le point $x = 0$ augmente $l(x)$ de $2\pi i$ et, par suite, multiplie la fonction par $e^{\mathfrak{m}.2\pi i}$, facteur qui ne peut être égal à $1 = e^{0.2\pi i}$, parce que $\mathfrak{m}$ n'est pas un nombre entier.

Pour rappeler à la fois les propriétés caractéristiques de cette fonction, identiques à celle des monômes entiers (R. **21**, **23**) et les valeurs qu'elle prend quand $\mathfrak{m}$ est réel commensurable, on pose

$$\psi(\mathfrak{m}, x) = e^{\mathfrak{m} l(x)} = x^{\mathfrak{m}}.$$

45. On rencontre encore d'autres expressions compliquées d'exposants non réels commensurables; les considérations précédentes en fournissent facilement l'interprétation. Par exemple, au lieu de x^x, il faut lire $\psi(x, x) = e^{x l(x)}$, etc. Mais les questions de ce genre offrent le plus médiocre intérêt.

(Extrait des *Annales de la Faculté des Sciences de Toulouse*, t. IV.)

PARIS. — IMPRIMERIE GAUTHIER-VILLARS ET FILS,
Quai des Grands-Augustins, 55.

Librairie GAUTHIER-VILLARS ET FILS, quai des Grands-Augustins, 55, à PARIS.

Envoi franco dans toute l'Union postale contre mandat-poste ou valeur sur Paris.

MARIE (**Maximilien**), Répétiteur de Mécanique et Examinateur d'admission à l'École Polytechnique. — **Histoire des Sciences mathématiques et physiques.** 12 volumes petit in-8, caractères elzévirs, titre en deux couleurs; 1883-1887. Chaque volume se vend séparément...... 6 fr.

Le prospectus détaillé est envoyé sur demande.

MÉRAY, Professeur à la Faculté des Sciences de Dijon. — **Exposition nouvelle de la Théorie des formes linéaires et des déterminants.** In-4; 1884.... 3 fr.

MÉRAY (**Ch.**). — **Les fractions et les quantités négatives.** *Nouvelle théorie élémentaire.* In-8; 1890.... 75 c.

MÉRAY (**Ch.**), Professeur à la Faculté des Sciences de Dijon. — **Théorie analytique du logarithme népérien et de la fonction exponentielle.** In-4; 1891.... 2 fr. 50 c.

MÉRAY (**Ch.**) et **RIQUIER**. — **Sur la convergence des développements des intégrales ordinaires d'un système d'équations différentielles partielles.** In-4; 1890.... 2 fr. 50 c.

MÉRAY (**Ch.**), Professeur à la Faculté des Sciences de Dijon et **RIQUIER**, Professeur à la Faculté des Sciences de Caen. — **Sur la convergence des développements des intégrales ordinaires d'un système d'équations différentielles totales.** In-4; 1890.... 1 fr. 50 c.

PICARD (**Émile**), Membre de l'Institut, Professeur à la Faculté des Sciences. — **Traité d'Analyse** (Cours de la Faculté des Sciences). Quatre volumes grand in-8, se vendant séparément.

Tome I : *Intégrales simples et multiples.* — *Applications géométriques du Calcul infinitésimal*; 1891.... 15 fr.

Tome II : *Fonctions analytiques.* — *Principes généraux de la théorie des équations différentielles*.... (*Sous presse.*)

Tome III : *Equations différentielles ordinaires*.. (*En préparation.*)

Tome IV : *Equations aux dérivées partielles*.... (*En préparation.*)

RESAL (**H.**), Membre de l'Institut. — **Exposition de la théorie des surfaces.** In-8, avec figures dans le texte; 1891.... 4 fr. 50 c.

Recueillir dans des publications éparses, classer didactiquement les propriétés les plus importantes des surfaces et simplifier les démonstrations, tel est le but que s'est proposé l'Auteur en publiant ce travail, dans lequel il a introduit ses recherches personnelles.

Cet Ouvrage s'adresse à tous les géomètres et spécialement aux candidats à l'agrégation, qui y trouveront traités, avec tous les développements désirables, la plupart des sujets relatifs aux surfaces qui ont été proposés aux Concours.

ROUCHÉ (**Eugène**), Professeur au Conservatoire des Arts et Métiers, Examinateur de sortie à l'École Polytechnique, etc., et **COMBEROUSSE** (**Charles de**), Professeur au Conservatoire des Arts et Métiers, etc. — **Traité de Géométrie**, conforme aux Programmes officiels, renfermant un très grand nombre d'Exercices et plusieurs Appendices consacrés à l'exposition des Principales méthodes de la Géométrie moderne. 6e édition, revue et notablement augmentée. In-8 de 1100 pages environ, avec 650 figures dans le texte, et 1151 questions proposées; 1891. 17 fr. 50.

Prix de chaque Partie :

Ire Partie. — *Géométrie plane*.... 7 fr. 50 c.

IIe Partie. — *Géométrie de l'espace; Courbes et surfaces usuelles.* Prix pour les souscripteurs.... 9 fr. 50 c.

SAINT-GERMAIN (de), Professeur de Mécanique à la Faculté des Sciences de Caen. — **Recueil d'Exercices sur la Mécanique rationnelle**, à l'usage des candidats à la Licence et à l'Agrégation des Sciences mathématiques. 2e édition, revue et augmentée. In-8, avec figures dans le texte; 1889.... 9 fr. 50 c.

SALMON (**G.**). — **Traité de Géométrie analytique à trois dimensions.** Traduit de l'anglais, sur la quatrième édition, par O. Chemin, Ingénieur des Ponts et Chaussées.

Ire Partie : *Lignes et surfaces du 1er et du 2e ordre.* In-8, avec figures dans le texte; 1882.... 7 fr.

IIe Partie : *Théorie des surfaces. Courbes gauches et surfaces développables. Famille de surfaces.* In-8, avec figures dans le texte; 1891.... 6 fr.

IIIe Partie : *Surfaces particulières. Théorie générale des surfaces.* In-8, avec figures dans le texte.... (*Sous presse.*)

SALMON (**G.**), Professeur au Collège de la Trinité, à Dublin. — **Traité de Géométrie analytique à deux dimensions** (*Sections coniques*); traduit de l'anglais par M. *Resal*, Ingénieur des Mines, et M. *Vaucheret*, ancien Élève de l'École Polytechnique. 2e édition française, publiée d'après la 6e édition anglaise, par M. *Vaucheret*. In-8, avec 124 figures dans le texte; 1884.... 12 fr.

STOFFAES (**l'abbé**), Professeur à la Faculté catholique des Sciences de Lille. — **Cours de Mathématiques supérieures** à l'usage des candidats à la Licence ès Sciences physiques. In-8, avec nombreuses figures dans le texte; 1891.... 8 fr. 50 c.

STURM, Membre de l'Institut. — **Cours d'Analyse de l'École Polytechnique**, revu et corrigé par *E. Prouhet*, Répétiteur d'Analyse à l'École Polytechnique, et augmenté de la Théorie élémentaire des Fonctions elliptiques par *H. Laurent*. 9e édition, revue et mise au courant du nouveau programme de la Licence par *A. de Saint-Germain*, Professeur à la Faculté des Sciences de Caen. 2 volumes in-8, avec figures dans le texte; 1888.

Broché.... 15 fr. | Cartonné.... 16 fr. 50 c.

STURM, Membre de l'Institut. — **Cours de Mécanique à l'École Polytechnique**, publié, d'après le vœu de l'auteur, par *E. Prouhet*, Répétiteur à l'École Polytechnique. 5e édition, revue et annotée par *de Saint-Germain*, Professeur à la Faculté des Sciences de Caen. 2 volumes in-8, avec figures dans le texte; 1883.... 14 fr.

TISSERAND (**F.**), Membre de l'Institut et du Bureau des Longitudes, Professeur d'Astronomie mathématique à la Sorbonne. — **Traité de Mécanique céleste.** 3 beaux volumes in-4, se vendant séparément.

Tome I : *Perturbations des planètes d'après la méthode de la variation des constantes arbitraires*, avec figures dans le texte; 1889.... 25 fr.

Tome II : *Théorie de la figure des corps célestes et de leur mouvement de rotation*; 1891.... 28 fr.

Tome III : *Perturbations des planètes d'après la méthode de Hansen.* (*Sous presse.*)

VIEILLE (**J.**), Inspecteur général de l'Instruction publique. — **Éléments de Mécanique**, rédigés conformément au Programme du nouveau plan d'études des Lycées. 4e édition, revue et augmentée. In-8, avec 146 figures dans le texte; 1882.... 4 fr. 50 c.

17468. Paris. — Imprimerie GAUTHIER-VILLARS ET FILS, quai des Grands-Augustins, 55.

www.ingramcontent.com/pod-product-compliance
Ingram Content Group UK Ltd.
Pitfield, Milton Keynes, MK11 3LW, UK
UKHW012118240726
13965UKWH00005B/1839